Pleiten *Pech* und Pannen

Das *fünfte* etwas andere Landtechnik-Bilderbuch

Herausgegeben von

AF203854

Lieber

schadenfroher Leser!

„Mal bist du die Taube, mal bist du das Denkmal." Der bekannte Fernseharzt Eckart von Hirschhausen bringt das Leben auf diesen Punkt, und er hat recht: Wohl jeder von uns hat sich beim Thema „Schadenfreude" schon in beiden Rollen gefunden – einerseits zuweilen als Motiv, andererseits (und hoffentlich häufiger) als Zuschauer.

Hier präsentieren wir Ihnen das fünfte Buch unserer kleinen Reihe „Landtechnik einmal anders" zu Ihrer Erbauung und Unterhaltung. Garantiert mehrfach verwendbar und ohne Reparaturkosten. Und ein schlechtes Gewissen brauchen Sie beim Durchstöbern auch nicht zu haben: Wer selbst hin und wieder unter der Schadenfreude anderer zu leiden hat, darf sich auch mal über die Missgeschicke anderer schadenfreuen – vor allem wenn es am Ende ohne körperlichen Schaden abgegangen ist und man eh nicht mehr helfen kann...

Impressum
Redaktion: profi – Magazin für professionelle Agrartechnik. Verantwortlich: Manfred Neunaber, 48084 Münster. E-Mail: redaktion@profi.de
Copyright © 2015 by Landwirtschaftsverlag GmbH, 48084 Münster. Geschäftsführer: Hermann Bimberg (Sprecher), Werner Gehring.
Objektleiter: Reinhard Geissel. Druck: Griebsch & Rochol Druck, Hamm, 2015. ISBN: 978-3-7843-5398-2

Richtungs**wechsel**

Wenn die Spurstange nicht mehr spurt: „Tja, in welche Richtung soll es gehen?", fragt Hauke Christian Gaus zu diesem Bild.

Eingegraben

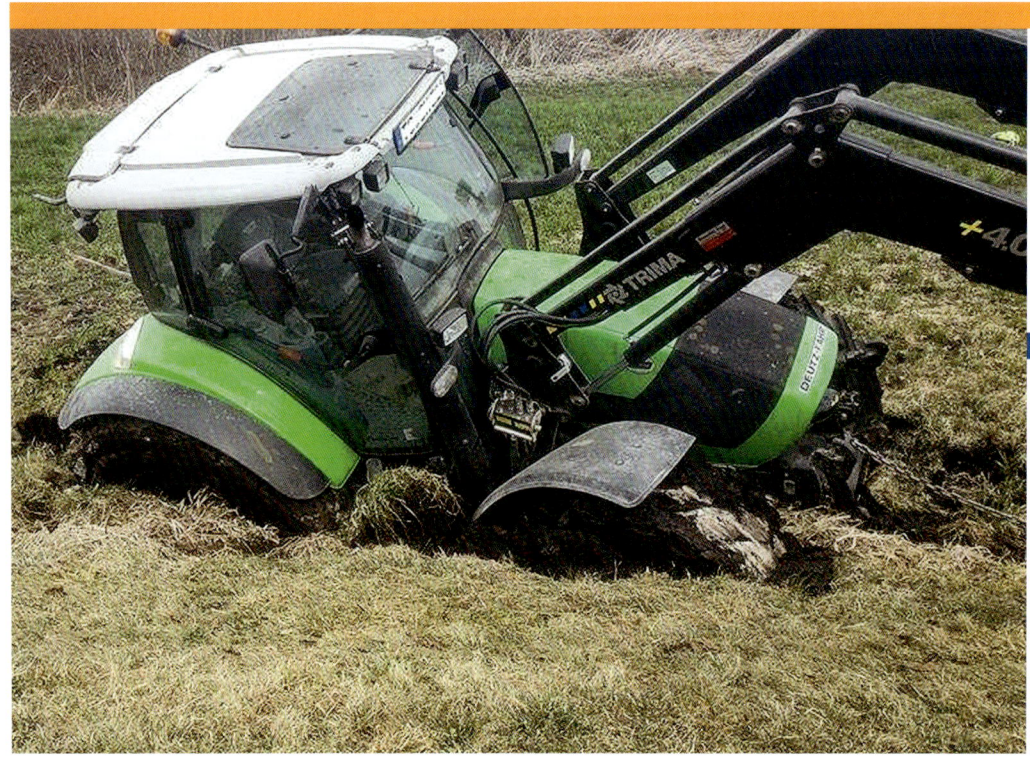

Hier ist im wahrsten Sinne des Wortes was „schief" gelaufen, und das Wort „Absacken" bekommt eine ganz andere Bedeutung – ein Foto von Sebastian Steiner.

Eingetaucht

„Zum Glück ist nichts passiert. Aber beim Zäunen auf der Kemater Alm im vergangenen Frühsommer war der Boden doch ein wenig feucht", schreibt Michael Partl aus 6175 Kematen in Tirol zu seinem Foto.

Aber sicher doch!

Das Foto von der gewissenhaften, aber nicht ganz ernst gemeinten Ladungssicherung schickte uns Daniel Siegmund. Gleichzeitig hat das Bild auf dem Facebook-Kanal von profi einen neuen Rekord aufgestellt: In nur drei Tagen erhielt es mehr als 900 000 Aufrufe!

Aus dem Osten kommt diese Eis-Skulptur mit eingeschmolzenen Vorderrädern.

Quer rein

Sicherheitshalber quer gefahren, aber dennoch kapital versenkt – ein Bild von Thomas Oberascher.

Beim Fräsen von Grüppen – das sind (für alle Nicht-Norddeutschen) Entwässerungsgräben – versackte dieser MF 3075 vollends im Moor. Doch Hilfe war schnell zur Stelle. „Die Bergung mit dem Bagger (im Hintergrund) war erfolgreich", schreibt Christian Müller zu seinem Foto.

Abgeknickt

Hier kann man wörtlich von einer „Knick-deichsel" sprechen. Eingesandt von Hubert Zauscher.

„Da will man gerade anfahren zum Entleeren, und auf einmal teilt sich das Gespann in zwei Hälften", schreibt uns Steffen Kleine Vennekate zu diesem Foto.
Mit dem Deutz-Fahr DX 3.70 und dem alten Briri-Fass sollte Gülle ausgebracht werden. Trotz korrektem Anbau löste sich der neue Original-Bolzen aus dem Zugmaul.

Abgelassen

Erst bei genauerem Hinsehen entdeckt man hier den platten Hinterreifen am Güllefass. „Nur gut, dass das Fass noch voll war...", schreibt Manuel Vöhringer mit einem Augenzwinkern zu seinem Bild.

Der Redakteur wollte den achtfurchigen Testpflug „mal eben schnell" für einen Fototermin zum Acker bringen. Die Eile zahlte sich nicht aus. Im Gegenteil: Wir hatten die Unterlenker mit (billigen) Nachbaukugeln gekuppelt, und schon nach wenigen Metern auf der Straße platzte eine Kugel. Der Pflug wurde auf die Seite geschmissen und pflügte sauber den Straßenrand in den Graben. Passiert ist am Pflug außer einem verbogenen Leuchtenträger und wenigen abgerissenen Hydraulikleitungen nicht viel. Und wir lernen daraus: nur stabile und vergütete Original-Kugeln und -Schalen verwenden! Und nicht rasen – das lohnt wirklich nicht!

Glasbruch

„Klimaanlage war gestern, es lebe die Frischluftzufuhr!", schreibt Lars Petersen zu seinem Foto. Es zeigt anschaulich, wie wenig durchschaubar eine geplatzte Frontscheibe noch ist.

Die Bildgeschichte: „Rettungsversuche leider gescheitert", kommentiert Pino Termine seine Aufnahmen.

„Ausgehäckselt",
bemerkt Caleb Howard
lapidar zu seinem schwarz
rauchenden Schnappschuss.

„Im September 2009 habe ich für unseren Lohnunternehmer mit dessen Unimog Stroh-Großpacken gefahren. Voll beladen auf einer Nebenstraße unterwegs bemerkte ich auf einmal, dass zwischen Kabine und Ladepritsche Flammen hochschlugen. Sofort hielt ich an und habe die Anhängekupplung gelöst. Als ich wegfahren wollte, stand der Fahrersitz schon halb in Flammen. Von der Beifahrersitzbank versuchte ich noch loszufahren, kam aber nicht weg, da im selben Augenblick die Luftleitungen platzen und die Bremsen blockierten. Ich konnte nur noch die Feuerwehr alarmieren und den Lohnunternehmer informieren. Obwohl die Feuerwehr innerhalb weniger Minuten vor Ort war, war nichts mehr zu retten. Als Brandursache wurde später ein technischer Defekt festgestellt", schreibt Alexander Port aus 88213 Ravensburg zu seinen Fotos.

Statt Schleuderkurs ein Schleuder-Kurs: „Zum Glück war die Buche hinter dem Tandem-Kipper, sonst wäre es anders ausgegangen", schreibt Markus Jöckle zu diesem Missgeschick.

Der Lehrling wollte noch schnell vor dem Regen die Ballen vom Feld holen. Hoch motiviert und mit einer Menge Schwung ging es um die Kurve. Das Resultat sehen Sie im Bild. „Passiert ist zum Glück nichts, und den Anhänger haben wir auch wieder reparieren können", schreibt Familie Herrmann aus Altikofen in der Schweiz.

19

Abkippen kann man die Ladung auf die verschiedenste Art und Weise, wie dieses Bild von Tommy Reh zeigt.

Zweiter Hänger gekippt

...und zumindest manchmal findet sich auch eine Erklärung für ungewöhnliche Entladevorgänge: „Der HW80 kippte um, weil er beim Kippen zu stark eingelenkt war" schreibt Florian Krautz zu seinem Foto.

Rollt gut

Den Rundballen, der von seinem ursprünglichen Ablageort abgehauen ist und sich ins Nachbarfeld verabschiedet hat, hat Tanja Huggii für Sie festgehalten.

Schwierigkeiten bei der Wahl der rechten Richtung treten offensichtlich häufiger auf (siehe Seite 3). Den schielenden Schlepper schickte uns Gerhard Reinger.

Schwarze Pracht

Unfreiwillig wurde dieser original grün lackierte Fendt zu einem Schlepper aus der Black Edition. Teures Geld hatte sein Besitzer für diese Sonderlackierung nicht ausgeben müssen. Denn beim Einsatz mit dem Güllefass war das Schauglas in der Frontwand geplatzt – kleine Ursache, große Wirkung!
Ob die rechte Eckscheibe im Heck der Kabine schon vorher fehlte oder bei diesem Missgeschick zerstört wurde,
ist uns nicht bekannt.

Der Gegen-Entwurf zur schwarzen Ausführung: Das Foto von dem vereisten Traktor erhielten wir von Christoph Mueller.

Auf die Nase

Ein schweres Betonteil am langen Hebel hebt zuweilen die falsche
Seite an.
Das Bild über die praktische Anwendung von Physik kommt
von profi-Leser Fritz Büttner aus 91743 Unterschwaningen.

In die Grube

Die beiden Fotos von einem Missgeschick mit dem Teleskoplader stammen von Michael Enzinger aus 8733 St. Marein bei Knittelfeld in Österreich. Durch Unachtsamkeit ist die Maschine kopfüber in die 25 x 5 m große Güllegrube gestürzt, schreibt er.

Arm im Feld

„Als ich wieder in die nächste Spur einlenken wollte, hatte mich der Gestängearm überholt. Das Feld ist hügelig, und die Bodenverhältnisse waren auch nicht die besten." So merkte profi-Leser Marcus Gürtler zu seinem Arm-Abfall an.

„Der Baumstamm war für den Aufbaukran wohl zu viel des Guten:
Beim Anheben brach er kurzerhand ab."
So beschrieb Christopher Hettinger diese Situation im Forst.

Links hinein

„Beim Pflügen kam der Same etwas nah an das Grabenufer und konnte sich aus eigener Kraft nicht mehr befreien. Zwei Deutz-Schlepper packten mit an und zogen ihn wieder auf festen Boden." Tammo Schwarting aus 26954 Nordenham erklärte Problem und Lösung.

„Beim Vorkreiseln zur Rapsbestellung bin ich mit unserem neuen John Deere 6130R in den Graben gerutscht. Der beim Pflügen aufgeworfene Boden hatte die Böschung verdeckt.
Erst ging es nur mit dem Vorderrad rein. Und beim Versuch, rückwärts wieder herauszufahren, rutschte der Schlepper ganz in den Graben. Zum Glück ist nichts kaputtgegangen!"
Georg Muhl aus 25876 Ramstedt hielt sein Missgeschick für Sie fest.

Hirsch-Rache

„Jetzt weiß mein Chef, warum ich keinen Hirsch will", kommentierte Matthias Claaßen seine Bilder.

Es findet sich (meist) alles wieder: „Treffsicher pflügen", überschrieb Benedikt Bauhaus sein Bild vom Kreiselheuer-Zinken im Vorderrad.

33

Kolben runter

„Da muss sich im Zylinder wohl was verkeilt haben, als die Frontladerschwinge mit leerer Schaufel abgesenkt wurde", meint Rainer Brüns zu dem verbogenen Hubzylinder.

Hier war die mechanische Kraft des Baggers offenbar größer als der Widerstand, den der Hydraulikzylinder entgegenzusetzen hatte. Patrick Walter schickte die beiden Aufnahmen.

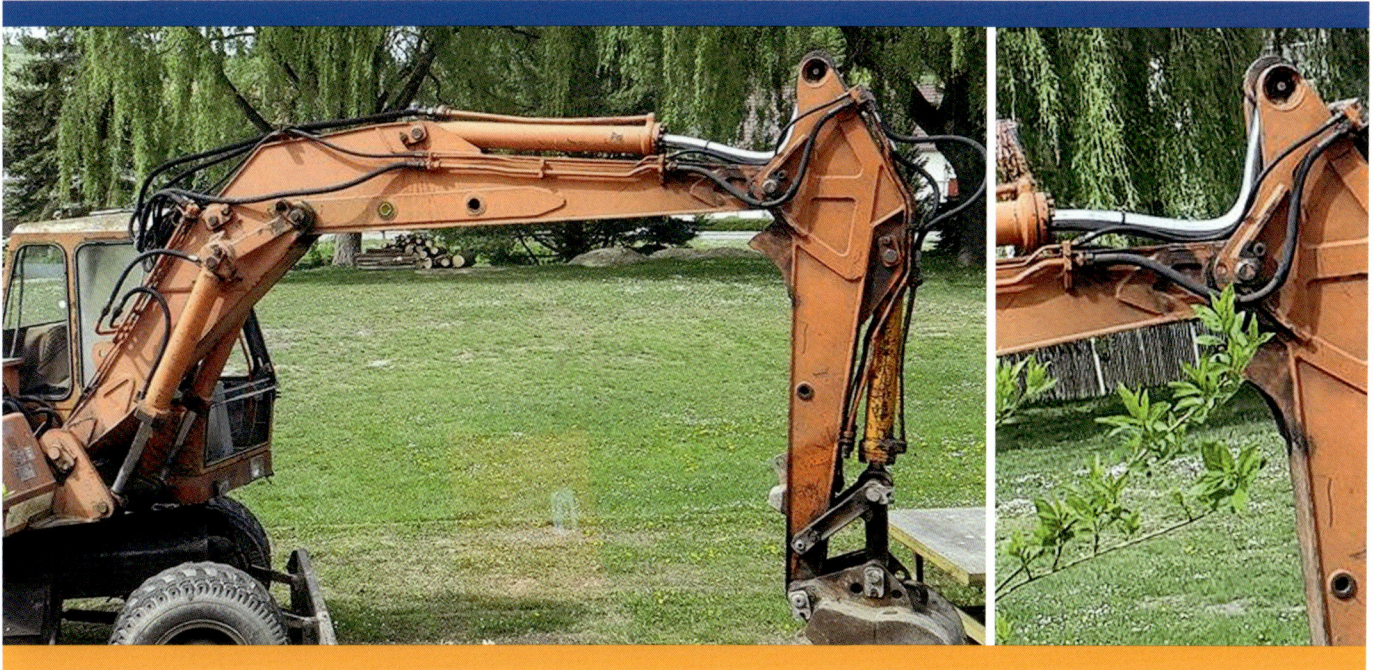

Allein am Feld

Ein einsamer Dungstreuer am Feldrand: „Diebstahlsicher abgelegt",
lautete der Kommentar von Michael Gsell dazu.

Noch einsamer liegt dieser Güllewagen mitten im Feld.
Andy Paustian steuerte diese Aufnahme zu unserer Sammlung bei.

Linkes Rad weg

Michael Baumann hat uns dieses Bild vom Strohtransport zugesendet. Aufgrund eines defekten Reifens mutierte der Schlepper hier zum Dreirad...

Frontgewicht weg

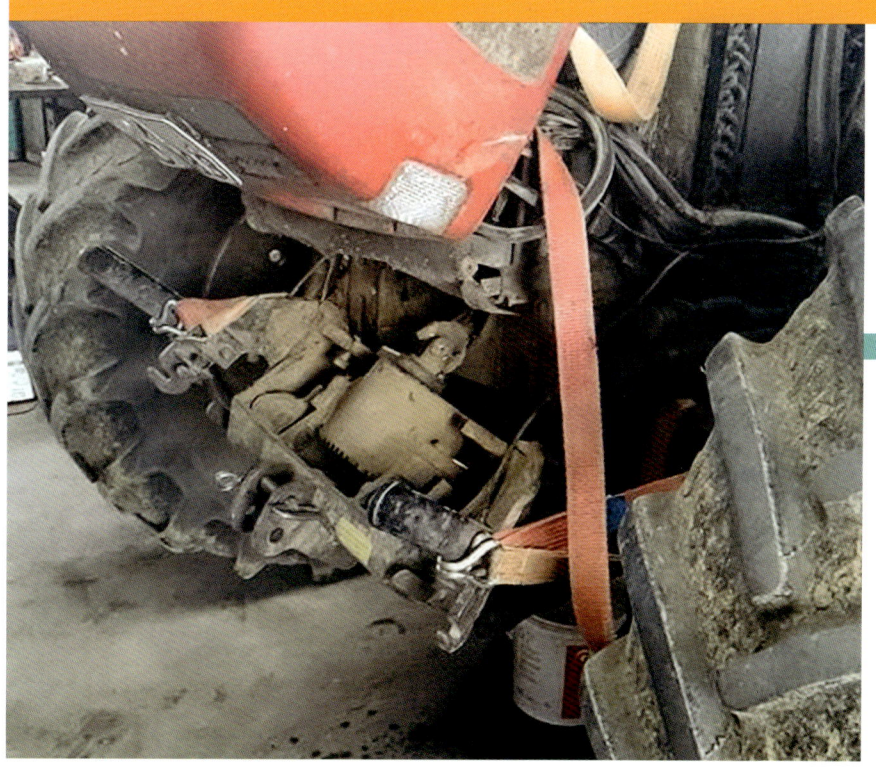

Beim Grubbern sind die Schrauben des Front-hubwerks abgerissen – es war ein Fronthubwerk montiert!" Davon ist auf dem Bild von Magnus Schneider nun nichts mehr zu sehen...

Wasser

Über die Hochwasserschäden wollen wir uns durchaus nicht lustig machen, aber dieses gut gelungene Bild wollen wir Ihnen auch nicht vorenthalten. Fotografiert wurde es von Thomas Warnack aus 88499 Riedlingen.

„Auch ein Quadtrac stößt mal an seine Grenzen", kommentierte Elwin Vos dieses Bild.

Schönes Bild, aber aufwändige Reparatur: Die Aufnahme vom verlorenen rechten Kreisel schickte uns Timo Wolf.

Ein ähnliches Malheur ereilte diesen Praktiker. Das Foto des verlorenen Walzensegments nahm Max Wagner auf.

Hinten raus

Arbeiten auf unbekanntem Gelände können zu bösen Überraschungen führen. So hat dieser Claas Lexion trotz nassem Boden versucht, auf einer neuen Fläche Getreide zu dreschen. Am Feldrand gab dann plötzlich der Untergrund nach, und der Mähdrescher konnte anschließend nur mit zwei starken Schleppern aus der misslichen Lage befreit werden – zum Glück unbeschadet. Das Schneidwerk war allerdings so verzogen, dass ein neues angeschafft werden musste.
Reinhard Robert aus 36280 Oberaula Ibra berichtete von diesem Fall.

Mitunter hatten die Mähdrescher auch in dieser Druschsaison
mit weniger tragfähigen Böden zu kämpfen.
Die Fotos der drei „Eingebrochenen" schickte uns Olaf Nordquist
aus 24640 Schmalfeld.

Vor dem Hof

Wenn der Silowagen bei der Vorfahrt auf dem Hof
(oder war es doch eher die Rückfahrt vom Hof?) so abknickt,
braucht es keine weiteren dummen Kommentare...
Das Bild erhielten wir von Tim Cöln.

Auf den Hinterbeinen

Entweder ist das Gespann hinten zu schwer, oder vorne zu leicht – oder beides:
Raphael Peters schickte diese Situation ein.

Ein Schlepper mit Bart!
Das Bild mit dem Schlepper voller Blüten
und Samen erhielten wir von
Yannik Bock.

In der asiatischen Steppe sind
die Wege lang. Da helfen ein wenig
Komfort und die kecke Fahne
bei der Reise schon.

„Da war es vorbei mit dem Terra Gator 8333, aufgesetzt von jetzt auf gleich!"
So lautete der kurze Kommentar von Tim Montenbruck hierzu.

Nein, das ist keine neue Variante, Gräben zu mähen.
Von der Sache her wäre das mit den drei Mähwerken in entsprechend breiten Gräben wohl möglich. Doch hier war der Graben dafür leider zu schmal.
Und in Wirklichkeit ist der Fahrer beim Rückwärtsfahren zu weit an den Graben gefahren und abgerutscht.
Das Foto kam von Theo Michelbach aus 97922 Lauda-Königshofen.

Voll beladen

In China fotografierte profi-Redakteur Christian Brüse diesen überbreiten Strohtransport. Hoffentlich ist ein Anhänger unter dem Haufen – und hoffentlich gab es keinen Funkenflug!

Diesen misslungenen Versuch einer Anhänger-Beladung hielt Ipke Petersen für Sie fest.

Achse Schrott

Die abgedrehte Achse
fotografierte Robert Weise
für die Rubrik „Pleiten,
Pech und Pannen".

Das ist schon kein Sprung mehr, sondern ein veritabler Bruch, den diese Fotos zeigen. Nicht gehalten hat die Felge auf einem australischen Feld, eingesandt wurde der Schaden von profi-Leser Rudolf von Bunau.

Viel unterwegs

Reinhold Lurz aus 97956 Werbach hat auf seiner Reise in Indien diesen interessanten Drescher erwischt. Ob dieser 5310 – mit sehr viel Kreativität zum „Standard"-Modell umgebaut – ins indische Produktprogramm von John Deere rücken wird? Wahrscheinlich nicht...

„Die Natur holt sich alles zurück, auch diesen Bagger...", kommentierte profi-Leser Michael Derler seine Aufnahme.

Auf Dauer war dem Schlepper der Pflug zu schwer geworden. Materialermüdung führte zum Bruch der linken Hubstrebe.
„Das war's dann erst mal mit dem Pflügen, und das Wochenende war gelaufen...", hieß der Text dazu von profi-Leser Kai Wrubel.

„Ohne Bolzen ist schlecht kippen", beschrieb Blaz Dokl die übertriebene Kipp-Situation auf diesem Foto.

Schlepper weg

„Der Fahrer unseres John Deere 5525 N ist 500 m von zu Hause entfernt kurz eingeschlafen, als er von der nächtlichen „Spritztour" zurückkehrte – und wurde dann schlagartig wieder geweckt. Zum Glück hatten weder Fahrer noch Traktor Schaden genommen. Und nach einer halben Stunde Bergungsarbeit standen beide wieder auf den Beinen!" Eingesandt von Stefan Ehmann aus Israel.

„Dieser Systra 750M hat in einer Kurve die Welger AP 430 verloren, weil der Bolzen herausgefallen ist", schrieb Andreas Friedrich zu seinem Foto von der abgekoppelten Hochdruckpresse auf Abwegen.

Versackt

„Wenn man selbst im Dreck steht, sollte man nicht versuchen, jemand anderen herauszuziehen.
Ich dachte mir schon, dass ich bei dem Versuch, den Schlepper herauszuziehen, selbst mit meinem Häcksler
stecken bleibe. Ein 20 Meter langes Seil und das schwere Walzfahrzeug vom Silo waren dann unsere Rettung",
erklärte Andreas Flieser aus 84140 Gangkofen diese Situation.

„Ein Absturz beim Pflügen: Ob da wohl jemand eingeschlafen ist?" – Das Foto stammt von Nebosja Petrovic.

„Der Fahrer wollte einen Baumstamm ziehen...
Er kam mit dem Schrecken davon!"
Das Bild und die trockene Kommentierung
stammen von Daniel Böhner.

„Ganz so leicht ist der Schnee dann doch nicht", merkt Peter Burghartswieser zu diesem Foto an.

Das Foto vom implodierten 10 000-Liter-Vakuumfass schickte uns Thomas Lux.

„Game over, der Schrottplatz ruft!", lautete hierzu der Kommentar von Dennis Ullmann.

Walz-Schäden

„Da war die Walze wohl zu voll", erklärte Leon Baden dieses Missgeschick. Manchmal ist weniger halt mehr...

Grubber-Schäden

„Dieser John Deere 6830 ist beim Grubbern in den Graben gerutscht", lautete der Kommentar von Manuel de Buhr zu seinem Foto.

Feuer gefangen

Feuer gefangen
hat dieser erst
120 Betriebsstunden
alte Fendt 718 mit
neuen Anbaugeräten.
Die Stoppelbearbeitung
musste der Fahrer wohl
oder übel beenden.
„Und zehn Minuten
später war nur noch
ein Blechhaufen von
dem Gespann übrig",
schrieb Axel Zimmermann
zu diesem Bild.

Schnur gefangen

Okay, das Bild hat nicht die beste Qualität, aber die Situation hat es in sich: „Die Schnüre wurden nicht mehr abgeschnitten, da sich eine Schraube gelockert hatte", erklärte Eva Zauner das lange Pech.

Steile Böschung

In der Nähe des spanischen Örtchens Camallera, 120 km nördlich von Barcelona gelegen, hat profi-Leser Sebastian Roters aus Schöppingen diesen Mähdrescher entdeckt: „Ich fuhr auf der Hauptstraße und bemerkte schon aus einiger Entfernung das seltsam geparkte Schneidwerk am Wegesrand. Dann sah ich den Mähdrescher unterhalb der Böschung auf dem Rücken liegen. Zum Glück war niemand mehr in der Kabine, und auch sonst war weit und breit keine Person zu entdecken. Mögen wir bei der anstehenden Ernte von solchen Unglücken verschont bleiben!"

10 000 Liter Gülle, ein abschüssiges Feld, eine nasse Böschung – der Fahrer blieb unverletzt. profi-Leser Robin Hansmann hielt das Ergebnis im Bild fest.

„Ein Piercing für den Vorderreifen", unterschrieb Christian Minder sein Bild vom Zinken im Rad.

Das Foto von dem abgefahrenen Reifen und der unfreiwilligen Press-Pause schickte profi-Leser Christian Böwer.

Halter ab

„Ist beim Transport eines Rundballens passiert…", erklärte Martin Müller zu der abgebrochenen Oberlenker-Halterung.

„Wenn sich beim Kippen ein Bolzen löst...", kommentierte Martin Molz sein Schad-Bild.

Dreckig

„Wie man unschwer sehen kann, wird der Fendt beim Wegebau eingesetzt." Patrick Pdr wies auf die Ursache für diese ungewöhnliche Farbgebung hin.

Aus China stammt diese etwas unsaubere Aufnahme: durchaus kein umfunktionierter Rauhfutter-Schwader, sondern eine industriell gefertigte Maschine für die Straßenreinigung!

Krieg der Technik: Die rotierende Kette
der Schlitzfräse verhakte sich in dem ordnungsgemäß
geparkten Pkw und zog ihn blitzschnell unter den
Traktor.
Das Foto stammt aus Russland von den Kollegen
unserer dortigen profi-Lizenzzeitschrift.

Gerade hier vom Weg abzukommen war keine gute Idee. Der Einsender möchte anonym bleiben.

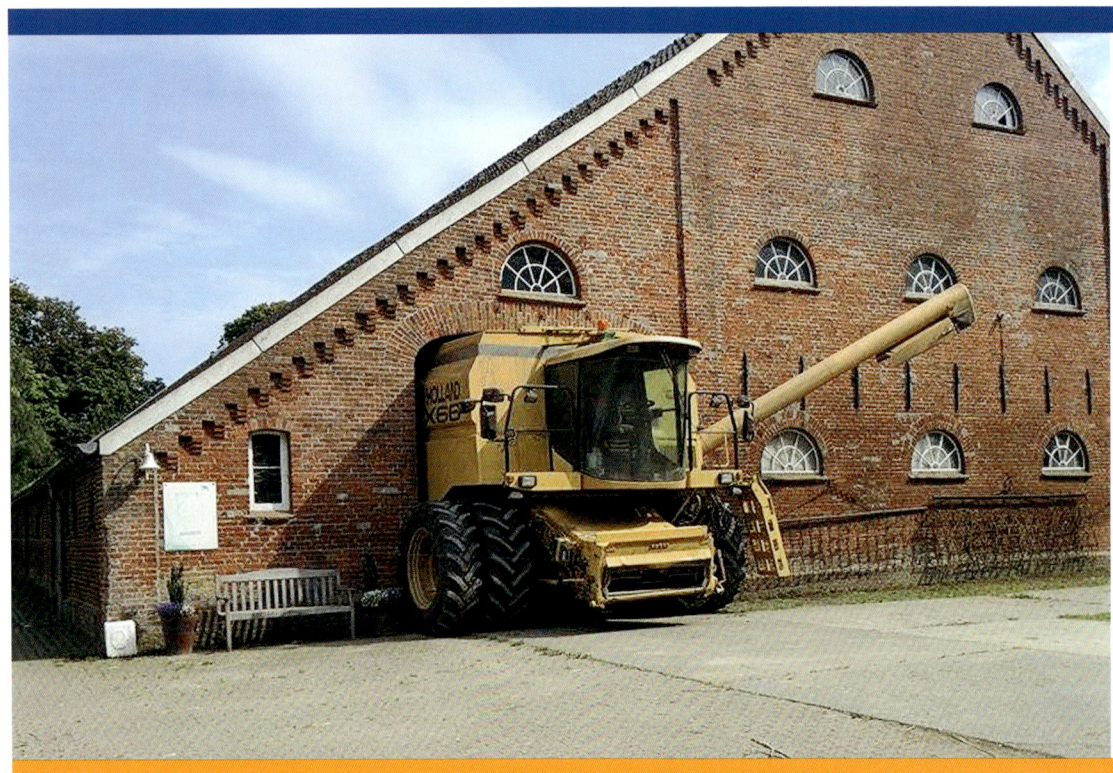

„So lässt sich ein alter ostfriesischer Gulfhof immer noch gut nutzen", untertitelte Erik Meyer sein imposantes Foto.

Das Foto von der fahrbaren Brücke schickte uns Jochen Wiese aus 54597 Stadtkyll.

Luftüberschuss vorn

Ein Fendt 515C beim Versuch, die Horsch Joker 5ct ohne Frontballast zu bewegen: „Auch Legenden haben ihre Grenzen!", schreibt das Lohnunternehmen Gebr. Mutzbauer GbR zum Bild.

„Da war das Vakuum wohl zu stark!", schrieb Gerwin Wever zum eingesaugten Güllefass.

Unten platt

„Und plötzlich ging er in die Knie", berichtete Daniel Paetzold von dieser etwas größeren Reifen-Panne.

„Dieser Kipper hatte einige Schrauben locker!", kommentierte Sebastian Luther sein Foto.

Drescher kippt

Ein veritabler Totalschaden: Dass der Mähdrescher abgebrannt ist, sieht man von hinten nicht – und dass er brennend die Böschung runtergerollt ist, kann man von vorne nur ahnen.

Wagen kippt

„Dieser Unfall passierte bereits im März 2012: Das Güllefass war voll, und ich habe die Unebenheit am Rand der Wiese wohl unterschätzt! Zum Glück ist der Schlepper stehen geblieben. So ist niemand zu Schaden gekommen, und auch am Güllefass waren die Schäden überschaubar", beschrieb Walter Weber aus 57399 Kirchhundem-Kruberg sein Missgeschick.

Dieser zu einer Hackmaschine umgebaute Maishäcksler kam Mitte Januar von der Straße ab und kippte um.
Dem Fahrer ist nichts passiert, er stand sofort wieder auf seinen Beinen – die Maschine erst nach einer Bergeaktion von zwei Stunden.
Das Foto schickte uns Walter Schuster.

„Ein Beispiel, wie man es besser nicht macht.
Die Bilanz: Der Schlepper fährt wieder, der Gülletanker ist ein wirtschaftlicher
Totalschaden, aber Gott sei Dank gab es keine Verletzten!"
Eingesandt von profi-Leser Herbert Geißendörfer.

Voll dabei

Hier ging der New Holland-Häcksler FX 375 von Sönke Bullwinkel aus 27612 Loxtedt-Donnern plötzlich in Flammen auf. Grund war ein technischer Defekt. Nur gut, dass Bullwinkel einen kühlen Kopf bewahrte und die zu heiß gelaufene Technik für die Sammlung von „Pleiten, Pech und Pannen" festhielt.

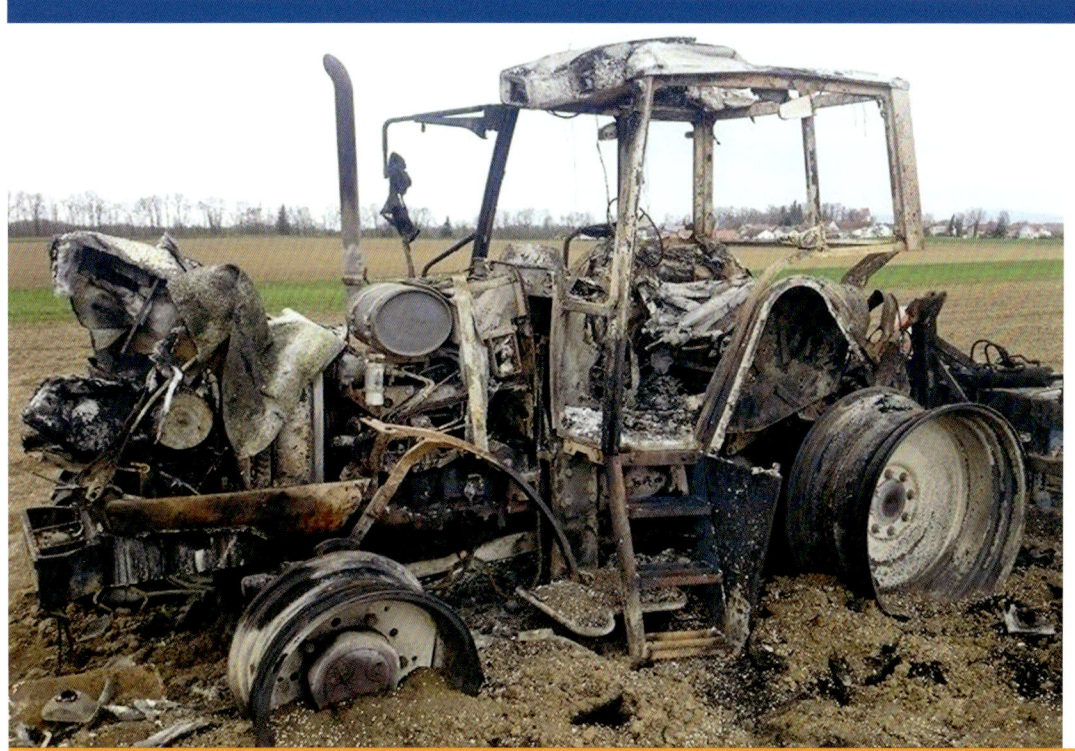

„Bei der Boden-
bearbeitung ist es
heiß hergegangen.“
Das Foto und den
kühlen Kommentar
lieferte Johannes
Unverdorben.

Frontschaden

„Bei voller Fahrt löste sich das Frontgewicht. Dem Fahrer ist nichts passiert", beschrieb Zoe Clark diese etwas unübersichtliche Situation.

„Ohne Radmuttern geht nichts", lautete das Fazit von Ludwig Schröder zu diesem Bild.

Ein leichtes Gefälle wurde dem Fahrer dieses Gespanns zum Verhängnis. „Einmal zu weit nach rechts eingeschlagen, und schon war es passiert." Robin Hesse lieferte Bild und Erklärung zu diesem „Fall".